ÉTABLISSEMENT HYDROMINÉRAL

DE

CONTREXÉVILLE

(VOSGES)

SOURCE DU PAVILLON

(Seule déclarée d'intérêt public)

BAINS — DOUCHES

BAINS DE VAPEUR — HYDROTHÉRAPIE

DÉPOT CENTRAL

23, Rue de la Michodière, 23

A PARIS

SOCIÉTÉ DES EAUX MINÉRALES

DE

CONTREXÉVILLE

A responsabilité limitée, antorisée par décret impérial

CAPITAL : UN MILLION

ADMINISTRATION & SIÉGE DE LA SOCIÉTÉ

45, RUE DU SENTIER, 45

A PARIS

DÉPOT CENTRAL

Maison ADAM

23, RUE DE LA MICHODIÈRE, 23

Où on trouve toutes les Eaux françaises et étrangères

SERVICE MÉDICAL

MM. LES DOCTEURS :

Debout-d'Estrées, ✻, Inspecteur ;
Aymé,
Brongniart,
Le Cler, ✻,
Pierre,
Tamin-Desballes,
Boichox.

FORMALITÉS A REMPLIR

PAR TOUTES LES PERSONNES

Qui désirent boire aux Sources de l'Établissement hydrominéral de

CONTREXÉVILLE

(Source du Pavillon)

Nul malade ne peut être admis à boire aux Sources de l'Établissement hydrominéral de Contrexéville si, au préalable, il ne s'est présenté au bureau qui se trouve dans l'enceinte de la source du Pavillon, pour en faire la déclaration, donner toutes les indications qui lui seront demandées et verser la somme de 20 fr., pour droit d'usage des Eaux minérales.

Il lui est remis une carte personnelle dont il doit être porteur et qu'il doit représenter à toute réquisition de la préposée à la Source.

EXTRAIT DU GUIDE PRATIQUE

AUX

EAUX MINÉRALES

Par le Dr Constantin JAMES

SIXIÈME ÉDITION, 1867

Contrexéville doit toute sa célébrité à une seule et unique source, la source du Pavillon, seule déclarée « d'utilité publique. » C'est sans doute cette sécurité pour l'avenir qui a engagé les nouveaux propriétaires à ne reculer devant aucune dépense pour la soumettre à un nouveau captage, et à élever sur son griffon un nouvel établissement tout à fait digne de sa haute valeur médicinale.

Le petit village, qui ne se composait, hier encore, que de chétives masures, compte aujourd'hui plusieurs hôtels fort confortables, en tête desquels se trouve celui qui fait partie de l'Établissement. Tout le pays lui-même a été, on peut le dire, transformé, grâce aux soins d'une municipalité active et éclairée. Enfin, on a créé à Contrexéville une direction de poste et un bureau télégraphique.

L'eau de la source du Pavillon est une eau alcaline, légèrement ferrugineuse : température 12° C. Sa saveur fraîche et un peu atramentaire laisse un arrière-goût styptique. Exposée à l'air, cette eau conserve toute sa transparence : seulement sa surface se recouvre d'une pellicule irisée. Elle dépose dans le bassin qui la reçoit, ainsi que dans le canal d'écoulement, un enduit rougeâtre.

Analysée par M. O. Henry, elle a fourni, par litre, 2 gr. 871 de principes fixes. Ce sont surtout des sulfates et des carbonates à base de chaux, de soude et de magnésie.

Qui dit « Contrexéville, » dit « gravelle. » C'est en effet le traitement de cette maladie qui constitue la spécialité de ces eaux.

Arrivées dans les premières voies, ces eaux sont rapidement absorbées. Leur présence dans le système vasculaire se traduit par l'accélération du pouls, la fréquence de la respiration et l'activité plus grande de toutes les excrétions, spécialement des urines et des selles. Elles sont éminemment diurétiques : quelques heures suffisent après leur ingestion pour qu'elles soient élaborées par les reins et expulsées au dehors. Or, circonstance importante, on retrouve ensuite presque intacts, dans les urines, la plupart de leurs principes minéralisateurs.

Indépendamment de ces phénomènes d'élimination, les eaux de Contrexéville semblent exercer une action directe sur la manière lithique elle-même. M. le docteur Legrand du Saule, qui manie ces eaux avec l'expérience et l'autorité que lui donne une pratique de plus de dix ans, m'a fait voir des graviers sortis par l'urètre, sur lesquels on remarque des sillons irréguliers et des dépressions inégales, indiquant leur érosion. Mais qu'on n'aille pas en conclure que si on arrive quelquefois à favoriser ainsi l'expulsion des graviers, on parviendra de même à dissoudre des pierres dont le volume serait en disproportion notable avec le diamètre des voies naturelles. Qu'arrive-t-il en pareil cas? l'eau minérale use la surface du calcul, en détache des parcelles, mais surtout elle s'attaque au mucus qui dissimulait ses aspérités : or, avant que le noyau même du calcul soit entamé, son écorce, si je puis m'exprimer ainsi, devient inégale et âpre, de manière à blesser la vessie et à provoquer d'assez vives souffrances. Ainsi, certains malades venus à Contrexéville sans se douter qu'ils eussent la pierre, en ont éprouvé, au bout de quelques jours, les premières atteintes. Ce ne sont pas les eaux qui la leur ont donnée; elles en ont seulement décelé l'existence. Il faut alors en suspendre immédiatement l'usage; comme l'espèce de roulement auquel le calcul serait soumis dans la vessie fatiguerait et irriterait l'organe, on ne saurait non plus recourir trop tôt au broiement chirurgical.

Les eaux de Contrexéville diffèrent de celles de Vichy par deux points essentiels. D'abord, elles conviennent à toute espèce de gravelle, et non, comme Vichy, à une seule, attendu que ces eaux agissent plutôt par une sorte d'irrigation répétée que par des combinaisons chimiques; ensuite, loin de faire disparaître la pierre ou d'en masquer la présence en revêtant sa surface d'un enduit soyeux, ainsi qu'on l'observe à Vichy, elles exaspèrent ses symptômes, souvent même en donnent le premier et utile éveil.

Contrexéville jouit d'une efficacité incontestable dans les affections catarrhales de la vessie, les engorgements de la prostate, certains rétrécissements de l'urètre, et agit comme médication préventive de la pierre chez les personnes qui ont subi l'opération de la lithotritie.

La goutte, surtout la goutte atonique, est encore une des affections qui se trouvent le mieux de l'intervention de ces eaux. « Si quelqu'un, a dit l'un des anciens » inspecteurs, pouvait douter de la consanguinité de la » gravelle et de la goutte, il faudrait lui prescrire une » saison d'observation à Contrexéville. Il ne tarderait » pas à se convaincre que, d'une part, la goutte est » presque toujours compliquée de gravelle ou alterne » avec elle, et que, d'autre part, la gravelle est la crise » la plus efficace de la goutte. Contrexéville s'enorgueillit » à bon droit d'une phalange fidèle d'anciens habitués, » dont quelques-uns font remonter à vingt ans les titres » de leur confiance, et qui se proclament non pas sou- » lagés, mais guéris par ses bienfaisantes eaux (1). »

L'action de l'eau de Contrexéville (source du Pavillon) sur l'intestin est laxative sans être débilitante. Presque tous les buveurs éprouvent de deux à six garde-robes.

(1) M. le docteur Baud.

Du reste, ces évacuations ne diminuent en rien la quantité d'urine, qui paraît même quelquefois dépasser celle de la boisson. Il semblerait qu'une telle abondance d'eau minérale ingérée dans l'estomac dût fatiguer, et, comme on dit, *noyer* ce viscère; presque toujours, au contraire, l'appétit augmente notablement, et les digestions deviennent plus rapides et plus faciles.

Les bains et les douches n'avaient joué jusqu'à présent qu'un rôle secondaire à Contrexéville, faute probablement d'une installation convenable. Maintenant qu'ils ont été réorganisés sur une très-grande échelle avec tous les perfectionnements de l'hydrologie moderne, ils entrent au contraire pour une part très-grande dans le traitement. En même temps que les bains déterminent une détente générale, la douche dirigée sur les lombes imprime à la région des reins un léger ébranlement qui a pour effet de favoriser l'arrivée des graviers dans la vessie et par suite leur expulsion au dehors.

Un des grands avantages du traitement de Contrexéville, c'est qu'on puisse loger dans l'Établissement même où l'on suit la cure. Les appartements ne manquent pas d'élégance et la table est irréprochable. Joignez à cela la proximité d'un parc magnifique que parcourent des eaux vives et qu'ombragent des arbres séculaires, lequel offre dans la journée des promenades faciles et sans fatigue. Quant à ceux qui préfèrent les grandes excursions, ils trouvent dans l'hôtel même des voitures et au besoin des omnibus de famille à leur disposition.

GUIDE MÉDICAL

(Extrait de l'ouvrage du Dr V. BAUD) (1)

Propriétés générales de l'Eau minérale de Contrexéville (source du Pavillon)

Fraîche et limpide à sa source, pourvue de gaze oxi-carbonique dans des proportions telles qu'elle reste éminemment digestive sans jamais devenir irritante, cette eau a pour premier effet l'exhaussement des aptitudes digestives. L'appétit s'accroît, les digestions s'activent; les fonctions du foie et de l'intestin se régularisent.

Alcaline tempérée, mais de telle sorte qu'elle unit, dans une salutaire association, les propriétés dissolvantes de la potasse, de la soude, de la lithine, aux propriétés laxatives de la magnésie, aux propriétés reconstituantes de la chaux, elle fait cesser la suracidité des humeurs sans jamais produire leur dangereuse alcalescence si justement reprochée aux eaux fortement alcalines. C'est ainsi qu'elle est en même temps dépurative et tonique.

Le fer qu'elle contient en proportions notables porte

(1) *Contrexéville, Maladies des organes génito-urinaires et goutte*, par le Dr V. BAUD, chevalier de la Légion-d'Honneur, médecin aux Eaux minérales de Contrexéville, ancien inspecteur de ces eaux, médecin en chef des épidémies du département de la Seine, 2e édition; maison ADAM, dépositaire général de l'Eau de Contrexéville, 23, rue de la Michodière, à Paris.

à un haut degré ses effets toniques, de même que ses effets dépuratifs sont secondés par des proportions infinitésimales d'iode et d'arsenic.

Récemment, on a cru pouvoir expliquer ses remarquables propriétés dissolvantes par la présence du Fluor.

Cette analyse sommaire justifie à peine ce fait spécial, en quelque sorte, à l'eau de Contrexéville et dès longtemps constaté, qu'il résulte toujours de son usage une réhabilitation plus ou moins complète de la santé générale.

Propriétés spéciales de l'Eau de Contrexéville (source du Pavillon)

Elle guérit plus spécialement :

1º **La Gravelle urinaire.** — Cette douloureuse affection comprend dans ses évolutions successives les sédiments urinaires, les sables, les graviers, et consécutivement les matières muqueuses purulentes, albumineuses, sanguinolentes, indices des lésions organiques de l'appareil urinaire.

Ces concrétions sont mobiles ou adhérentes; rouges, blanches, grises ou noires, selon qu'elles contiennent des urates, des phosphates, des oxalates.

Quelle que soit leur forme, quelle que soit leur sorte, l'eau de Contrexéville est, pour leur guérison, ce qu'est le sulfate de quinine pour la guérison des fièvres. Nul ne lui conteste plus cette suprématie sur toutes les autres eaux minérales, sur tous les autres médicaments.

2º **La Gravelle biliaire.** — Celle-ci est beaucoup

plus fréquente qu'on ne le croit et joue le rôle de cause essentielle ou d'importante complication, dans maintes affections du foie, de l'estomac, de l'intestin.

La série est la même que pour la gravelle urinaire, des simples sédiments biliaires aux plus volumineux calculs; mais ils passent le plus souvent inaperçus, mêlés qu'ils sont aux matières fécales.

L'efficacité de l'eau de Contrexéville reste la même pour cette gravelle que pour la gravelle urinaire.

3º **La Pierre.** — Le plus souvent elle n'est que le terme extrême de la gravelle urinaire.

Peu volumineuse, elle peut être spontanément expulsée sur l'influence de la cure.

Peu cohérente, elle peut être désagrégée et rendue en fragments ou en bouillie.

Dans les cas moins favorables, la cure peut encore être utile, soit pour préparer les organes urinaires à l'opération, soit, si elle est déjà faite, pour expulser les derniers fragments, pour apaiser les irritations vésicales et pour prévenir les récidives.

4º **La Goutte et le Rhumatisme goutteux.** — Sous l'influence de l'eau de Contrexéville, la goutte aiguë perd successivement son intensité et sa fréquence.

La goutte chronique suspend sa marche aggravative et ses désordres continus.

La goutte atonique est puissamment modifiée par le réveil de toutes les activités organiques.

La goutte irrégulière, ramenée au type régulier, perd ainsi la gravité de ses attaques sur le cerveau, sur le cœur, sur les organes respiratoires et digestifs;

on cite autour de la source du Pavillon maints cas de guérison complète.

5° **Les Maladies des organes urinaires.** — L'eau de Contrexéville s'indique en quelque sorte d'elle-même :

Dans la néphrite, le diabète et l'albuminurie.

Dans le catarrhe vésical.

Dans l'affection prostatique.

Dans les rétrécissements de l'urètre.

Cette réputation est de très-ancienne date et n'a fait que progresser par la simple vulgarisation des résultats obtenus.

6° **Les Maladies utérines.** — Trop peu connu à ce point de vue, le traitement de Contrexéville mérite une mention spéciale.

Comme traitement interne, il n'est rien de mieux que cette eau, tonique par son fer, reconstituante par sa chaux, résolutive par son iode, par ses alcalis, laxative par sa magnésie et par les grandes proportions d'eau qui peuvent en être envoyées à travers l'organisme.

Comme traitement externe, quoi de mieux que les bains minéraux et surtout que les douches froides ou chaudes, générales et locales, dont dispose l'Établissement de Contrexéville?

Mode d'emploi près des sources

La source du *Pavillon*, qui réunit par excellence toutes les propriétés de l'eau de Contrexéville, fait la base du traitement habituel. Elle est, en outre, seule employée pour les expéditions à domicile.

Les deux sources accessoires du *Quai* et du *Prince* sont utilisées dans certains cas spéciaux.

La cure a pour base l'eau prise en boissons et pour utiles adjuvants les bains et les douches.

Les médecins expérimentés attachés à cette importante station dirigent utilement les malades dans le choix, dans le mode, dans les proportions, dans la durée de ces divers moyens de traitement.

Les bains, exclusivement alimentés par les trois sources minérales sus-nommées, varient par leur température, par leur durée et même par diverses additions médicamenteuses accidentelles.

Les douches récemment réorganisées, dotées d'une grande énergie de propulsion, variées dans leurs formes autant que l'exigent les nécessités des traitements les plus divers, ont élevé au premier rang les richesses balnéaires de cet Établissement.

Mode d'emploi loin des sources

La parfaite conservation de l'eau du Pavillon transportée en bouteilles permet d'en étendre les bénéfices sanitaires loin de sa source.

A ceux dont nous recevons les visites annuelles pour l'une des maladies que nous avons énumérées, nous conseillons deux cures complémentaires à domicile : l'une au commencement de l'automne, l'autre au commencement du printemps, cures qui consistent à boire tous les matins à jeun, pendant 25 ou 30 jours, de quatre à six verres d'eau du Pavillon, avec autant de quarts-d'heure d'intervalle.

En dehors de cette prescription spéciale, l'eau de Contrexéville prise comme boisson sanitaire, soit mêlée au vin, qu'elle n'altère pas, soit pure dans l'intervalle des repas, est le meilleur moyen de prévenir les maladies que nous avons indiquées plus haut, en même temps que de réhabiliter l'appareil digestif et l'ensemble des forces générales.

GRAND HOTEL

DE L'ÉTABLISSEMENT

OUVERT DU 20 MAI AU 15 SEPTEMBRE

Six grands bâtiments, situés entre deux magnifiques parcs, renfermant salons de conversation, de jeux, de lecture, de billard et de musique;

104 chambres de maître avec grands cabinets de toilette; grands et petits appartements avec salon; 50 chambres de domestiques;

Table d'hôte à dix heures et à six heures; déjeuners et dîners à la carte dans les appartements; vins des premiers crus de Bourgogne et de Bordeaux.

Boîte aux lettres; bureau télégraphique et bureau des messageries; cabinets de consultation des médecins, situés dans les dépendances de l'Hôtel de l'Établissement. Magasins de toutes espèces. Casino, théâtre.

Ce vaste Hôtel, entièrement restauré, offre aux étrangers un confortable qu'ils ne trouvent généralement pas dans la plupart des villes d'eaux.

On peut retenir d'avance des appartements, en s'adressant à M. MOREL, fermier du Grand Hôtel et du Restaurant de l'Établissement, à Contrexéville (Vosges).

PROMENADES-EXCURSIONS

Contrexéville est entouré de plaines fertiles, de belles routes et de superbes forêts. Les personnes qui veulent faire quelques promenades à pied, trouveront à la porte du Parc de l'Établissement les charmants coteaux de Bellevue, de la Glacière, et la grande avenue de Champ-Calot.

Les excursions hors de Contrexéville sont aussi nombreuses que variées ; on peut citer en première ligne :

LE CHÊNE DES PARTISANS

(14 kilomètres).

Cet arbre gigantesque, qui a 13 mètres de circonférence à sa base, 33 mètres de hauteur et 23 mètres d'envergure, se trouve sur les bords de la forêt de Saint-Ouen, près du village de la Vacheresse ; il domine de beaucoup tous les arbres de la forêt ; de loin, on le prendrait pour une vieille tour. Son tronc, quoique conique, n'est point caverneux, et l'on ne voit pas une branche sèche sous son dôme immense.

C'était sous cet arbre que les partisans lorrains se réunissaient pendant le siége de La Mothe, pour aller piller les villages de la frontière française ou inquiéter les troupes ennemies.

RUINES DE LA MOTHE (Haute-Marne)

(25 kilomètres).

Cette ancienne ville lorraine, qui passait pour imprenable, fut prise en 1634 par le maréchal de Laforce ; rendue au duc de Lorraine en 1641, elle fut reprise par le maréchal de Villeroi et complétement rasée en 1645. C'est au siége de 1634 que l'on fit pour la première fois usage de la bombe.

On trouve de nombreuses antiquités extraites de ses ruines, chez les paysans des villages environnants, et principalement des bombes et des boulets.

BULGNÉVILLE

(5 kilomètres).

Bulgnéville, charmante petite ville, célèbre par la bataille qui s'y livra en 1431, où René Ier, duc de Lorraine, fut battu et fait prisonnier par le comte Antoine de Vaudémont, et où périt le chevalier Barbesant « qu'estait bien valeureux, » dit la chronique.

Il existe à Bulgnéville, chez M. RENAULT, pépiniériste, d'intéressantes cultures de conifères indigènes et exotiques pour le boisement des friches et l'ornement des parcs : plusieurs millions de plants sont disponibles chaque année. Pendant la saison des Eaux, des visiteurs se rendent à cet établissement en suivant une jolie route de cinq kilomètres, ombragée par les bois.

BONNEVAL

(19 kilomètres).

La gracieuse vallée de Bonneval renferme des ruines remarquables, celles d'un ancien prieuré détruit en 1794. Une partie du chœur de l'église, avec une voûte en ogive, subsiste encore avec une tour et deux voûtes de caves.

Près de ces ruines se voient encore celles du Châtelet de Bonneval, les restes d'un ancien camp, et quelques fragments de pierres que l'on dit avoir servi de table à un dolmen.

CHÈVRE-ROCHE

(12 kilomètres).

L'ermitage de Chèvre-Roche, dans une charmante vallée, mérite aussi d'être visité; il est bâti sur un rocher, à 828 mètres au-dessus du niveau de la mer. Il est célèbre par le séjour qu'y fit le cardinal de Retz pendant son exil. Jolie chapelle d'architecture sarrazine, flanquée d'une tourelle bien conservée.

VIVIERS

A 7 kilomètres de Contrexéville se trouve la délicieuse vallée de Viviers; c'est une promenade charmante que de s'y rendre par Dombrot, Viviers, et de revenir par Marcy, Lignéville et le Haut-de-Salin. De la montagne du Haut-de-Salin, le regard embrasse un immense horizon vers les montagnes des Vosges et du Jura. Les eaux qui en découlent vont se déverser d'un côté dans la Meuse et la Méditerranée et de l'autre dans l'Océan.

SAINT-BASLEMONT
(12 kilomètres).

Le château, d'une construction fort ancienne, est situé sur le versant du vaste plateau, ainsi que l'église. Il fut assiégé par les Suédois en 1625. Une partie du château subsiste encore, ainsi que deux grandes tours. Une terrasse spacieuse règne le long des fortifications.

Dans une forêt, près de ce village, on voit les ruines d'un châtelet, appelé les *Tours Séchelles*, que l'on fait remonter à l'époque gallo-romaine, qui servit ensuite de demeure aux Templiers et fut détruit par les Suédois.

CHATEAU DE HOUÉCOURT
(11 kilomètres).

Château très-ancien, possédé autrefois par le maréchal Philippe-Emmanuel de Lignéville, en dernier lieu par le duc de Choiseul et actuellement par le duc de Marmier. Ancienne église. Chapelle castrale au château, dans le caveau de laquelle sont déposés les restes du maréchal de Lignéville, 1745; le cœur de la princesse de Craon et fille du marquis de Lignéville, 1775; et enfin M. le duc de Choiseul, bienfaiteur de la contrée.

MATTAINCOURT

A 3 kilomètres de Mirecourt et 25 de Contrexéville, sur l'ancienne voie romaine de Langres à Strasbourg, se trouve le village de Mattaincourt, devenu célèbre par un fameux pèlerinage au tombeau du Bienheureux Père Fourrier, qui fut curé de ce village en 1597. Église neuve remarquable par son architecture gothique.

DOMREMY-LA-PUCELLE

Ce village, très-ancien, situé à 35 kilomètres de Contrexéville, est célèbre par la naissance de Jeanne-d'Arc, en 1412. La maison qu'elle habitait est au nombre des monuments historiques. Une inscription portant la date de 1481 atteste l'identité du lieu.

On peut encore visiter les forges de **La Hutte** et de **Droiteval** (22 kilomètres), les belles verreries et tailleries de **La Planchotte**, **La Rochère** et **Clairey** (28 kilomètres), qui sont situées dans des vallées très-pittoresques.

S'adresser au bureau de l'Établissement pour la location des voitures pour la promenade.

HOTELS ET MAISONS MEUBLÉS

Recommandés à Contrexéville

Grand Hôtel de l'Établissement.
Hôtel de *Paris*, tenu par SCHUHKRAFT.
— de la *Providence*, tenu par ÉTIENNE.
— des *Apôtres*, tenu par BLAIZOT.
— *Parisot*, tenu par PARISOT.
— de l'*Anneau d'Or*, tenu par COLSON.
— du *Parc*, tenu par MARTIN-VILLEMAIN.
— *Martin aîné*.
— *Martin-Mansuy*.
— *Harmand*, tenu par HARMAND.
Maisons meublées, tenues par ROUYER.

—	—	MAUCOTEL.
—	—	CONTAL.
—	—	MANNUSSIER.
—	—	GARION.
—	—	LASSAUGE.
—	—	PERRUT.
—	—	BLOT.
—	—	BACHMANN.
—	—	LEGUEN.

EAU DE CONTREXÉVILLE

(VOSGES)

SOURCE DU PAVILLON

Déclarée d'intérêt public par décret impérial du 4 août 1860

TARIF

DU

PRIX DE L'EAU EN CAISSES LIVRÉE A L'ÉTABLISSEMENT

Caisse de 50 bouteilles........ 32 fr. » c.
Caisse de 25 bouteilles...... 17 fr. 75 c.

Toutes les expéditions se font contre remboursement. — Toutefois, les personnes qui désirent s'affranchir des frais de retour d'argent peuvent adresser, avec leur commande, un mandat sur la poste de **33 fr. 90** pour une caisse de 50 bouteilles, et de **18 fr. 25** pour une caisse de 25 bouteilles, rendues en gare de Neufchâteau.

Adresser les demandes d'eau de la source du **PAVILLON** au Directeur de la Source du Pavillon, à Contrexéville, ou au Dépôt central, rue de la Michodière, 23, à PARIS,

Maison ADAM

Où l'on trouve toutes les Eaux françaises et étrangères, et tous les renseignements nécessaires aux personnes qui désirent se rendre à Contrexéville.

BAINS ET DOUCHES

De grandes améliorations ont été apportées par la nouvelle administration des Eaux minérales de Contrexéville, dans l'installation des nombreux cabinets de bains et douches qui viennent d'être établis avec tout le soin que l'on peut rencontrer dans les meilleures stations thermales.

Le service ne laissera rien à désirer sous aucun rapport.

Les cachets des Bains et Douches, ainsi que ceux de linges supplémentaires, se délivrent au bureau de l'Établissement pendant toute la durée des services des Bains et Douches.

Les services sont ouverts de 5 heures à 10 heures du matin et de 1 heure à 5 heures du soir.

La durée d'un Bain est de 1 heure.

Celle d'une Douche est de 15 minutes.

Au delà de ce temps, les Bains et Douches seront payés double.

PRIX DES BAINS & DOUCHES (avec 1 Peignoir et 2 Serviettes)

BAINS		DOUCHES	
Bain minéral.......	1 50	Douche ascendante.	» 75
Bain de son........	2 »	Grande douche à per-	
Bain de carbonate de		cussion..........	1 50
soude	2 »		
Bain aromatique....	2 50		
Bain sulfureux.....	2 50		

LINGES SUPPLÉMENTAIRES

Une serviette.......................	» 10
Peignoir de toile....................	» 15
Peignoir de laine	» 25
Fond de bain.......................	» 20
Sandales...........................	» 15

Bains à domicile, 50 centimes en sus du prix ordinaire.

Transport d'un malade à l'Etablissement, 1 fr. (Aller et retour.)

CASINO DE CONTREXÉVILLE

Directeur : M. AURÈLE

~⧉~

Théâtre, concerts, bals.
Salons de jeux et de lecture.
Salle de billards, kiosque de musique.

~⧉~

Abonnement pour une Saison de 21 jours :

Une personne.........................	25 fr.
Deux personnes.......................	35
Trois personnes......................	45
Abonnement de famille................	55

~⧉~

L'Abonnement donne droit :

A l'usage des locaux affectés aux représentations de jour et de nuit.
Place réservée autour du kiosque de musique.
Salon de lecture des journaux.
Salle de billards.
Salle de jeux.

~⧉~

Les personnes non abonnées paieront un droit d'entrée de 3 fr. par personne et par jour.

CONTREXÉVILLE

RENSEIGNEMENTS GÉNÉRAUX

BUREAU TÉLÉGRAPHIQUE

Ouvert de 9 heures du matin à 7 heures du soir.

BUREAU DE DIRECTION DES POSTES

Ouvert de 7 heures du matin à 5 heures du soir. Quatre courriers par jour; correspondance avec Paris en 13 heures.

DÉPART ET ARRIVÉE DES COURRIERS

Arrivée :

1er Courrier. — Dépêches d'Épinal, Mirecourt, Vittel ; les lignes de Paris à Strasbourg. — 5 h. du matin.

2e Courrier. — Paris, la direction de Lyon, la Suisse. — 9 h. 45 m. du matin.

3e Courrier.—Dépêches de Barle-Duc, Commercy, Chaumont, la ligne de Paris à Mulhouse, Neufchâteau et Bulgnéville.—10 h. du mat.

4e Courrier. — Dépêches de Mirecourt et Vittel.— 2 h. 30 m. du soir.

Départ :

1er Courrier. — Pour Épinal, Mirecourt, Vittel. — 10 h. du matin.

2e Courrier. — Neufchâteau, Toul, Commercy.—2 h. 30 m. du soir.

3e Courrier.— Chaumont, Paris et toutes les directions. — 4 h. du soir.

4e Courrier. — Paris, la direction de Lyon, le Midi, la Suisse. — 6 h. du soir.

ITINÉRAIRE

On se rend à Contrexéville par les lignes du réseau de l'Est. Embranchements de Chaumont et Blesmes à Neufchâteau.

		1re Classe	1re, 2e, 3e Classe	1re, 2e, 3e Classe	1re, 2e, 3e Classe
ALLER	**Ligne de Mulhouse.**	soir	soir		matin
	Départ de Paris..........	8h 5	8h 40	min. 35	6h 30
		matin	matin	matin	soir
	Do de Chaumont......	2h 36	6h 30	9h 25	3h 40
	Arrivée à Neufchâteau....	5 58	8 15	11 17	5 30
				soir	
	Do à Contrexéville...	9 »	11 15	2h 15	9 »
	Ligne d'Avricourt.		soir		
	Départ de Paris..........	8h 25	9h 25	min. 25	» »
		1re, 2e, 3e Classe			
		soir	matin	matin	
	Do de Blesmes.......	1h »	4h 35	7h 20	» »
	Arrivée à Neufchâteau....	5 30	8 15	11 17	» »
	Do à Contrexéville...	9 »	11 15	2 15	» »
	—				
RETOUR		matin	matin	matin	soir
	Départ de Contrexéville ..	» »	5h »	5h »	5h »
		1re, 2e, 3e Classe		soir	
	Do de Neufchâteau...	5h 18	9 36	1h 23	8 49
				1re & 2e Cl.	1re Classe
	Do de Chaumont	7 48	midi 58	3h 20	11h 36
		soir	soir		
	Arrivée à Paris..........	4h 10	8h 50	9 30	5 20
	Départ de Contrexéville ..	matin	matin		
		» »	5h »	» »	» »
	Do de Neufchâteau...	5h 18	9 36	» »	» »
			1re Classe		
			soir		
	Do de Blesmes........	10 24	4h 37	» »	» »
	Arrivée à Paris..........	5 »	9 10	» »	» »

Voitures publiques et particulières très-confortables, de Neufchâteau à Contrexéville. — S'adresser à M. Camille HUIN, loueur, au bureau des voitures, gare de Neufchâteau.

Typ. Oberthur et fils, à Rennes. — Maison à Paris, rue Salomon-de-Caus, 4. (228-78)

MESSAGERIES

Les services partant de Neufchâteau pour Contrexéville sont faits avec des voitures à trois places de coupé,
six d'intérieur et trois de banquette.

Des bulletins de correspondance sont délivrés à la
gare de Paris et aux gares du réseau de l'Est.

(Voir l'Itinéraire.)

VOITURES DE PROMENADE

ET

DE VOYAGE

Camille HUIN

LOUEUR DE VOITURES

A NEUFCHATEAU (Vosges)

Et à CONTREXÉVILLE pendant la saison des Eaux

CALÈCHES — BREAK — COUPÉS — CHARS-A-BANCS

ÉTABLISSEMENT HYDROMINÉRAL

DE

CONTREXÉVILLE

(VOSGES)

CHEMINS DE FER DE L'EST

STATION DE NEUFCHATEAU

A 8 heures de Paris.

A 4 — de Blesmes.

A 3 — de Chaumont.

A 2 — de Pagny-sur-Meuse.

A 3 — de Nancy.

Typ. Oberthur et fils, à Rennes. — Maison à Paris, rue Salomon-de-Caus, 4.